Yohanna Peter
Nuhu H. Tini

Revisão do mapa do município utilizando a tecnologia de deteção remota e SIG

Yohanna Peter
Nuhu H. Tini

Revisão do mapa do município utilizando a tecnologia de deteção remota e SIG

Um estudo de caso da metrópole de Mubi, Estado de Adamawa, Nigéria

ScienciaScripts

Imprint
Any brand names and product names mentioned in this book are subject to trademark, brand or patent protection and are trademarks or registered trademarks of their respective holders. The use of brand names, product names, common names, trade names, product descriptions etc. even without a particular marking in this work is in no way to be construed to mean that such names may be regarded as unrestricted in respect of trademark and brand protection legislation and could thus be used by anyone.

Cover image: www.ingimage.com

This book is a translation from the original published under ISBN 978-620-2-07381-3.

Publisher:
Sciencia Scripts
is a trademark of
Dodo Books Indian Ocean Ltd. and OmniScriptum S.R.L publishing group

120 High Road, East Finchley, London, N2 9ED, United Kingdom
Str. Armeneasca 28/1, office 1, Chisinau MD-2012, Republic of Moldova, Europe
Printed at: see last page
ISBN: 978-620-7-85948-1

ÍNDICE DE CONTEÚDO

RECONHECIMENTO

Toda a glória, honra e adoração são atribuídas a Deus todo-poderoso pelo dom da vida, proteção, orientação e por nos ajudar a realizar o nosso sonho. Não há palavras para expressar a nossa gratidão, mas apenas para dizer obrigado, Senhor.

Não há palavras para exprimir adequadamente a nossa gratidão pela orientação e cuidado incansáveis do Sr. Ikusemoran Mayomi, que não só supervisionou este trabalho como também nos deu aulas de Deteção Remota e Aplicação SIG. O apoio e a contribuição em todas as facetas do nosso professor de SIG, Sr. Geoffrey Naphtali, e de todo o pessoal do Departamento de Geografia da Universidade Estatal de Adamawa, Mubi, são altamente reconhecidos. Que Deus Todo-Poderoso vos guie em todos os vossos esforços futuros.

A nossa imensa gratidão vai para a Universidade Estatal de Adamawa, Mubi, por nos ter concedido uma bolsa para estudarmos o Sistema de Informação Geográfica (SIG).

Agradecemos aos nossos colegas de turma pioneiros do SIG; Sr. Ezekiel A.Vimtim, Martins A. Kayode, Adiele Chime, Elisha Ibrahim, Elijah Y. Bitrus e Mallam Babangida Ba'iya pelo seu encorajamento, paciência e apoio ao longo do nosso estudo.

Os afectos, as orações e a paciência das nossas mulheres e dos nossos filhos continuarão a estar sempre presentes no nosso coração. Obrigado por terem compreendido e suportado as muitas noites em que estivemos ausentes. Aos amigos e simpatizantes: O espaço e o tempo não nos permitem enumerar todos vós. Aceitem a nossa profunda gratidão em formato coletivo.

CAPÍTULO 1

QUESTÕES EMERGENTES SOBRE A REVISÃO DE MAPAS

1.1 Evolução recente da revisão de mapas

Atualmente, vários países do mundo enfrentam problemas relacionados com mapas desactualizados. Como consequência, de acordo com Holland et al (2006), existe a necessidade de aplicar metodologias que permitam a atualização de mapas de uma forma mais rápida e eficiente. Devido a este facto, as imagens de satélite (desde que foram criados os sensores orbitais) têm sido consideradas como uma fonte de informação que apresenta várias vantagens: rapidez no processo de obtenção de informação actualizada, possibilidade de aplicar metodologias de atualização mais rápidas do que o processo fotogramétrico tradicional, elevada resolução temporal, resoluções espaciais ainda mais reduzidas e custos bastante baixos.

Em apoio a esta afirmação, Musa (2006) referiu que, devido às actividades quotidianas do homem, a paisagem muda rapidamente. Por esta razão, os mapas produzidos há alguns anos carecem rapidamente de pormenores sobre o desenvolvimento recente, pelo que a revisão dos mapas - o processo de atualização de mapas anteriores - é necessária para incorporar as mudanças recentes na paisagem. Esta investigação examina o potencial das imagens de satélite de alta resolução para a atualização de mapas municipais. Após uma análise dos satélites que podem ser utilizados para este fim, foram apresentados vários exemplos de projectos de cartografia. Holland et al (2006) concluíram que as imagens de satélite de alta resolução têm um papel fundamental a desempenhar na atualização da cartografia dos municípios, especialmente na deteção de alterações.

A cartografia urbana a partir de imagens de satélite é efectuada em todo o mundo, utilizando dados de um número cada vez maior de sensores. As tradicionais câmaras de filmar estão a ser gradualmente substituídas por câmaras digitais e scanners, mas a maior parte da cartografia urbana continua a depender de sensores baseados em plataformas aéreas. De acordo com Vaughan (2004), a cartografia da Terra a partir do espaço tem sido um tema de investigação há quase meio século. Logo após a Segunda Guerra Mundial, foram lançados foguetes ex-militares no ar com câmaras a bordo que filmavam o solo à medida que os foguetes subiam. Embora tenhamos percorrido um longo caminho desde esses primeiros tempos, a utilização de sensores espaciais para captar imagens da Terra ainda é considerada por alguns como uma atividade experimental baseada em projectos, em vez de um processo totalmente operacional. Este processo assenta frequentemente numa base sólida de dados cartográficos, recolhidos ao longo de muitos anos, décadas ou mesmo séculos. Neste caso, os topógrafos não precisam de cartografar o país a partir do zero, mas apenas de atualizar e melhorar a informação geoespacial já existente.

1.2 O desafio associado à revisão dos mapas municipais

Keates (1973) deixou claro que a revisão de mapas é um fator importante em praticamente todos os tipos de produção cartográfica. Uma vez produzido um mapa, a imagem gráfica é estática e há uma necessidade constante de fornecer ao mapa informações sobre alterações e, ao mesmo tempo, reduzir ou evitar os defeitos resultantes. No entanto, isto tem de ser confrontado com o valor de ter uma imagem gráfica permanente para utilização e com o facto de que muita da informação no mapa permanecerá válida durante períodos relativamente longos, mesmo que alguns itens tenham mudado (Olaore, 2004). O ritmo elevado e acelerado das alterações urbanas e das extensões espaciais, especialmente nos países em desenvolvimento, exige uma técnica eficiente e rápida para cartografar as alterações urbanas com a precisão necessária para atualizar os mapas existentes. A disponibilidade de imagens de satélite de nova geração abriu uma nova era e indicou um futuro promissor para a produção e atualização de mapas digitais.

O mapa de Mubi existente, publicado desde 1975, não foi revisto até à data. As tentativas de revisão do mapa foram prejudicadas pela falta de fotografias aéreas recentes.

Isto significa que todos os desenvolvimentos e mudanças que ocorreram desde 1975 ainda não foram mapeados. Além disso, a maioria dos mapas existentes não está registada em nenhum sistema de projeção, o que torna difícil determinar os pontos de coordenadas no mapa. Por conseguinte, o cálculo da área e das distâncias, que é altamente necessário para a georreferenciação, é difícil ou mesmo impossível.

1.3 Finalidade e objectivos da investigação

O objetivo desta investigação é rever o mapa metropolitano de Mubi produzido desde 1975. Os objectivos específicos formulados para atingir o objetivo desta investigação são os seguintes

I. Demonstrar a aplicação e o potencial da técnica SIG na atualização de mapas.

II. Utilizar a integração de imagens Quick-Bird e o mapa convencional existente para atualizar o mapa da metrópole de Mubi.

III. Produzir um mapa atualizado da metrópole de Mubi e torná-lo apreciável para outros utilizadores.

IV. Registar o mapa no sistema universal transversal de mercator.

1.4 Terreno e características socioeconómicas da metrópole de Mubi

A metrópole de Mubi, enquanto área geopolítica, inclui duas áreas governamentais locais: Mubi Norte e Mubi Sul. De acordo com Adebayo (2004), a área está localizada entre as latitudes 10° 30' e 10° 05'N do equador e entre as longitudes 13° 10' e 13° 30'E do meridiano de Greenwich. As duas áreas governamentais locais ocupam conjuntamente uma área terrestre de 192,307Km e suportam uma população total de 260,009 pessoas (Censo Nacional da População 2006). A área partilha fronteiras com Maiha a Sul, Hong a Oeste, Michika e a República dos Camarões a Leste. A área de estudo é ilustrada visualmente na Figura 1.1 abaixo.

Mubi e os seus arredores apresentam um clima do tipo tropical húmido e seco. A estação húmida decorre entre os meses de abril e outubro, enquanto a estação seca começa em novembro e termina em março. A precipitação média anual é de cerca de 86,775 mm, com a maior ocorrência em julho e agosto. O regime de temperatura em Mubi é de morno a quente durante todo o ano devido ao rendimento da radiação, que é normalmente distribuído de forma relativamente uniforme ao longo do ano. No entanto, há normalmente um período ligeiramente fresco entre novembro e fevereiro, com um aumento gradual a partir de janeiro e março, durante o qual a humidade relativa é baixa. Adebayo, 2004 salientou que a humidade relativa começa a aumentar a partir de abril e atinge o máximo em agosto, após a cessação da estação das chuvas na região.

Os solos de Mubi inserem-se na categoria de solos tropicais ferruginosos da Nigéria com base na classificação genética efectuada pela Organização das Nações Unidas para a Alimentação e a Agricultura (1988). Com base nesta classificação, são identificados três tipos de solos, que incluem

Lithosols, Luvisol e Cambisols.

A vegetação de Mubi e dos seus arredores insere-se na faixa de savana do Sudão da Nigéria. A zona de vegetação é referida como savana florestal cambretácea (Areola 1983). Cerca de 70% da vegetação é constituída por gramíneas e ervas daninhas com algumas plantas lenhosas dispersas que fazem parte da vegetação natural e exóticas que foram trazidas de outras áreas para a região. No entanto, a vegetação natural foi alterada pelas actividades humanas, como o corte de árvores para combustível, a colonização, a expansão e as actividades agrícolas, a queima de arbustos e a exploração madeireira local. Apesar destas reservas florestais, as áreas de pastagem e de plantação fazem parte dos recursos vegetais da região, que se encontram em vários locais, especialmente em Mayo-Bani, Betso e Vimtim (Yonnana 2004).

Mubi situa-se na zona do complexo basáltico do nordeste da Nigéria. O seu relevo pertence geralmente à região de relevo montanhoso do Estado de Adamawa. A altitude da área acima do nível do mar principal é geralmente elevada em comparação com outras partes do Estado. Como foi observado por (Adebayo e Tukur 1999), a área tem uma configuração de relevo distinta com uma série de cadeias de montanhas ao longo da sua fronteira oriental com a República dos Camarões. A elevação varia entre cerca de 400 m e 1500 m. O relevo da área pode ser dividido em dois: as terras altas e as terras baixas. Entre estas cadeias destacam-se Jilvu, Vimtim e Betso. As planícies altas, cuja altitude varia entre 400 m e 800 m, encontram-se nas zonas de Muchalla, Mijilu, Mayo-Bani e Digil.

O principal sistema de drenagem de Mubi é o rio Yedzeram e os seus afluentes, que incluem Mayo Koma, Muchalla, Digil, kwataku, Grippa e outros numerosos cursos de água que são maioritariamente sazonais na sua descarga de água (Adebayo 2004). O tipo de utilização do solo normalmente encontrado em Mubi é constituído por terrenos agrícolas residenciais, instituições, actividades comerciais, indústrias, pastagens, reservas e espaços abertos ou terrenos subdesenvolvidos. No passado, as principais ocupações eram a agricultura, o artesanato, como a ferraria, a tecelagem, a escultura, bem como pequenas actividades comerciais. Atualmente, uma proporção apreciável da população dedica-se a outras actividades económicas, nomeadamente actividades comerciais, função pública e actividades profissionais. A área tem um bom número de empresas comerciais, como bancos, postos de abastecimento de combustível, hotéis e pequenas empresas que acolhem um número considerável da população ativa (Adebayo 2004).

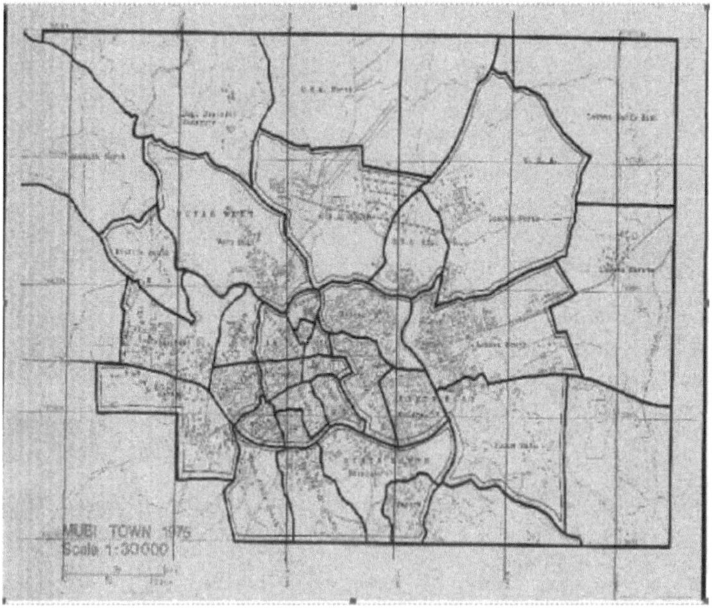

Figura 1.1 A área de estudo (Ministério Federal dos Estudos, Lagos 1975)

1.5 Definição de termos operacionais

Mapa - Uma imagem ou representação da superfície da Terra, que mostra como as coisas estão relacionadas umas com as outras em termos de distância, direção e tamanho em relação à escala (http://www.mnmodel.dot.state.mn.us/glossary.html).

Cartografia - O ato ou processo de fazer um mapa (Wikipédia, a enciclopédia livre).

Cartografia - A arte e a ciência de exprimir graficamente as características físicas conhecidas da Terra através de mapas e cartas. (http://www.mnmodel.dot.state.mn.us/glossary.html).

Georreferenciação - Representação da localização de elementos do mundo real no quadro espacial de um determinado sistema de coordenadas ou projeção cartográfica (Lo e Albert, 2005).

Reamostragem - Uma técnica de processamento de imagens digitais que interpola pixéis nos dados de origem para uma nova localização de pixéis transformados, normalmente coincidindo com a grelha georreferenciada (Lo e Albert, 2005).

Digitalização - Método de captura de dados que envolve a conversão de dados em formato analógico, como mapas e fotografias aéreas, em formato digital diretamente legível por um computador (http://www.mnmodel.dot.state.mn.us/glossary.html).

Sistema de Posicionamento Global (GPS) - Dispositivo que permite determinar coordenadas de localização altamente específicas com base em informações transmitidas por uma constelação de 24 satélites que orbitam a Terra a uma altitude muito elevada. (ttp://www.mnmodel.dot.state.mn.us/glossary.htm).

Deteção Remota (SR) - O processo de obtenção de informação sobre um objeto, área ou fenómeno sem estar em contacto com esse objeto, área ou fenómeno (Idrisi 32.Guide to GIS and Image processing volume I).

Sistema de Informação Geográfica (SIG) - Sistema assistido por computador para a aquisição, armazenamento, análise e visualização de dados geográficos (Idrisi 32.Guide to GIS and Image processing volume I).

Revisão de mapas - O processo de atualização de mapas anteriores (Musa, 2004). O capítulo seguinte documenta as revisões de toda a literatura relacionada e relevante para a investigação. Identifica uma área de estudos atual na investigação de estudos de municípios e a aplicação da tecnologia de deteção remota e de sistemas de informação geográfica.

CAPÍTULO 2

TENDÊNCIAS NA REVISÃO CONTEMPORÂNEA DE MAPAS

Este capítulo apresenta uma visão geral das tendências na elaboração e revisão de mapas. O foco principal inclui sugestões sobre processos anteriores de elaboração de mapas, bem como a utilização da Deteção Remota e SIG na elaboração e revisão de mapas. Embora já tenham sido iniciadas várias investigações neste domínio, o tema exige ainda testes mais abrangentes para determinar a adequação de tais imagens de alta resolução para efeitos de revisão de mapas municipais. As imagens de alta resolução de satélites como o Google Earth e o Quick-Bird têm provado a sua utilidade nos últimos anos, especialmente no mapeamento e vigilância de áreas inacessíveis, por exemplo em zonas de conflito militar, como o Afeganistão e o Iraque (Kumar e Castro, 2001, Petrie 2003). Estas imagens também têm sido utilizadas para atualizar mapas ou gerar mapas completamente novos em muitas áreas do mundo, incluindo a Arábia Saudita e a Indonésia (Mandeville, 2001).

Na maioria dos casos, até à data, estas aplicações têm sido feitas em regiões do mundo que não têm uma tradição de cartografia detalhada. Nestas áreas, que muitas vezes não possuem os recursos necessários para recolher e processar fotografias aéreas, as imagens de satélite de alta resolução podem fornecer uma fonte de dados rápida e de alta qualidade para a produção de mapas de imagens, mapas temáticos e mapas vectoriais, para satisfazer uma variedade de necessidades. As imagens de satélite podem fornecer uma fonte gratuita de dados espaciais necessários para efetuar a revisão de mapas. Os dados do Google têm a desvantagem de as imagens serem reunidas para dar uma ideia de realização geográfica, com menos ênfase na precisão posicional. Por conseguinte, as imagens são mal georreferenciadas, o que faz com que as características no final das imagens não se liguem corretamente às das imagens adjacentes. Além disso, quando são utilizadas imagens aéreas, as imagens podem não ter sido corrigidas quanto ao efeito da inclinação e da deslocação do relevo. O custo da recolha de dados espaciais foi sempre um impedimento para a revisão atempada do mapa do município na maioria dos países em desenvolvimento. Embora as agências governamentais de cartografia tenham o mandato de manter os mapas topográficos actualizados, normalmente ficam para trás devido à falta de fundos para a recolha de dados espaciais relevantes para a revisão dos mapas (Maduna, 2009).

2.1 Mapa e cartografia

De acordo com a Wikipédia, a enciclopédia livre (2010), os mapas e a cartografia tratam essencialmente da cartografia; para compreender os mapas básicos, o domínio da cartografia pode ser dividido em duas categorias gerais: a cartografia geral e a cartografia temática. A cartografia geral envolve os mapas que são construídos para um público geral e, portanto, contêm uma variedade de características. Os mapas gerais apresentam muitos sistemas de referência e de localização e são frequentemente produzidos em série.

2.1.1 Tipos de mapas

Existem vários tipos de mapas, mas estes são classificados em três tipos principais de mapas:

1. Mapas de pequena escala ou Atlas: quando uma pequena folha de papel é utilizada para descrever uma grande área, designa-se por mapa de pequena escala. Se um mapa do tamanho de uma página A4 mostrar apenas uma pequena parte da realidade na Terra, esse mapa é designado por mapa de grande escala. Um mapa de atlas é um mapa de pequena escala onde grandes áreas são representadas num papel pequeno, têm características de grande escala mas são reduzidas e generalizadas. Por isso, a precisão posicional é muito baixa.

2. Mapas topográficos ou de uso geral: São aqueles em que o objetivo é retratar a associação espacial de diversos fenómenos geográficos. Coisas como estradas, povoações, fronteiras, cursos de água, elevações, linha costeira e massas de água são tipicamente escolhidas para serem retratadas em mapas gerais. As estradas gerais, que são também mapas de grande escala, são normalmente designadas por mapas topográficos, são emitidas em séries de folhas individuais e são elaboradas com muito cuidado. (Robinson et al, 1978).

3. Mapas para fins específicos: concentram-se na distribuição de uma única caraterística, como o mapa da precipitação, o mapa da temperatura, a distribuição da população, etc. Também podem tratar de elementos invencíveis, como as águas subterrâneas. Não há limite para o objeto do mapa. Um exemplo deste tipo de mapa é o mapa temático.

2.1.2 Importância do mapa

O rápido crescimento da população da Terra e a crescente complexidade da vida moderna, com as suas pressões e disputas pelos recursos disponíveis, tornaram necessários estudos pormenorizados do ambiente físico e social, desde a população à poluição e da produção de alimentos aos recursos energéticos. O geógrafo, em primeiro lugar, bem como o planeador, o historiador, o economista, o agrónomo, o geólogo e outros que trabalham em ciências básicas e engenharia, há muito que descobriram que o mapa é uma ajuda indispensável (Robinson et al 1978).

Um grande mapa de uma pequena região, representando as suas formas terrestres, drenagem, vegetação, padrões de povoamento, estradas, geologia ou uma série de outras distribuições pormenorizadas, torna disponível o conhecimento das relações necessárias para planear e realizar muitos trabalhos de forma inteligente. As complexidades ecológicas do ambiente requerem mapas para o seu estudo. A construção de uma estrada, de uma casa, de um sistema de controlo de cheias ou de quase qualquer outro empreendimento construtivo requer uma cartografia prévia. Os mapas mais pequenos de áreas maiores, que mostram aspectos como os riscos de inundação, a erosão do solo, a utilização da terra, o carácter da população, os climas, os rendimentos, etc., são indispensáveis para compreender os problemas e as potencialidades de uma área. Os mapas de toda a Terra indicam generalizações e relações de padrões amplos da Terra com os quais se pode considerar inteligentemente o custo de eventos passados, presentes e futuros (Robinson et al 1978).

Os mapas são algo sem o qual não nos podemos mover neste mundo, pois são eles que nos mostram onde podemos ir e em que sítio podemos encontrar o que queremos. Os mapas são muito importantes em vários aspectos: Um mapa fornece informações sobre a existência, a localização e a distância entre elementos do solo, tais como locais povoados e vias de deslocação e comunicação. Também indica as variações do terreno, as alturas das características naturais e a extensão da cobertura vegetal. Com as forças militares dispersas por todo o mundo, é necessário recorrer a mapas para fornecer informações aos elementos de combate e para resolver operações logísticas longe das nossas costas. Os soldados e os materiais devem ser transportados, armazenados e colocados em ação no momento e local adequados. Grande parte deste planeamento tem de ser feito através de mapas. Por conseguinte, qualquer operação requer uma reserva de mapas; no entanto, os melhores mapas disponíveis não têm qualquer valor se o utilizador não souber lê-los (www.map-reading.com). Os mapas são utilizados em muitos domínios de estudo, como a arquitetura, o espaço, a cartografia do ADN, a cartografia do cérebro, a informática, etc. O mapa dá uma visão muito rápida de um documento pormenorizado, no caso do mapa de uma região; dá uma imagem em miniatura de uma grande área. Ao visualizar um mapa, é possível compreender os percursos mesmo que nunca se tenha visitado um local. Além disso, o mapa pode ser o melhor guia de viagem, mesmo que se viaje para um local novo. Amber, (2008).

2.2 Revisão do mapa

Existem duas categorias de revisão de mapas: a revisão completa e a revisão básica. No processo de revisão completa, todas as características são corrigidas e actualizadas. O conteúdo é validado através de uma verificação no terreno em relação à verdade terrestre. Os contornos são revistos. No processo de revisão básica, muitos elementos são revistos através da interpretação de fontes de imagem, tais como ortofotos ou fotografias aéreas. As características não são verificadas através da verdade terrestre e os contornos não são geralmente revistos. O mapa revisto mantém a exatidão posicional do mapa anteriormente publicado. A maior parte dos recursos concentra-se na revisão básica porque este método é menos dispendioso e podem ser revistos mais mapas num determinado período de tempo (www.geography.usgs.gov/standards).

Os três principais métodos aplicáveis à revisão de mapas incluem os métodos fotogramétricos, as técnicas de satélite e os métodos de levantamento terrestre, explicados a seguir.

2.2.1 Técnicas fotogramétricas

O trabalho do fotogrametrista envolve a atualização de pequenos detalhes, tais como alterações em edifícios individuais, novas estradas secundárias ou alterações em vedações, muros e limites de campos. Uma grande parte do processo de atualização envolve a procura destas pequenas alterações numa imagem. A utilização de estações de trabalho fotogramétricas digitais e de fotografias aéreas de resolução extremamente elevada para este processo de deteção de alterações consome recursos valiosos. É talvez neste domínio que os sensores de satélite de alta resolução podem fornecer dados de maior utilidade para uma agência de cartografia. Msemakweli e Lyimo (2004).

2.2.2 Técnicas de satélite

As vantagens da utilização de imagens de satélite para a revisão de mapas são as seguintes Têm uma cobertura global; são necessárias menos imagens para cobrir uma área e, consequentemente, reduzir o número de pontos de controlo necessários. Possibilidade de obter os dados de uma área num curto período de tempo.

A técnica de satélite tem um problema na identificação e delineação de características lineares menores, por exemplo, riachos, caminhos pedonais, pontes, linhas eléctricas, etc. As características pontuais, tais como árvores dispersas e edifícios individuais, não podem ser identificadas positivamente devido à sua dimensão relativamente pequena em comparação com a resolução das imagens de satélite. Por conseguinte, os dados de satélite só podem ser utilizados na revisão de mapas a pequena e média escala. Msemakweli e Lyimo (2004).

2.2.3 Método de levantamento do solo

Este método é mais útil e económico para a revisão de mapas de grande escala, mas é impraticável para mapas de pequena escala. O método tem a vantagem de permitir a observação de informação diretamente a partir de medições no terreno em vez de uma imagem, mas tem a desvantagem de ser demorado e dispendioso em termos de mão de obra necessária para captar os dados. Msemakweli e Lyimo (2004).

Desde a introdução das tecnologias tripartidas de Deteção Remota por Satélite (SRS), Sistema de Posicionamento Global (GPS) e Sistema de Informação Geográfica (GIS), a conversão de mapas analógicos para digitais e a subsequente revisão desses dados espaciais têm vindo a aumentar. Jacoby et al, 2002, observaram que, desde a última década, vários países e Estados criaram com êxito infra-estruturas completas de dados espaciais (IDE) que incorporam bases cartográficas digitais essenciais, como o cadastro ou a camada de parcelas de terreno, a topografia, a hidrologia, a rede rodoviária e os limites administrativos. Kim e Kim (1999) também relataram como a Coreia reviu a sua informação cadastral através do projeto de reforma cadastral. De acordo com Maduna (2009), a atualização do mapa topográfico é importante para a monitorização dos recursos e do ambiente, bem como para o desenvolvimento socioeconómico. Vários países, incluindo a Grã-Bretanha, ainda utilizam a fotografia aérea para a cartografia da ocupação do solo. Embora a fotografia aérea possa resultar em mapas fiáveis da ocupação do solo, a sua aquisição, georreferenciação e foto-interpretação são dispendiosas e demoradas. As imagens de satélite podem ser utilizadas como alternativa devido à sua aquisição periódica, à cobertura de grandes áreas e ao seu custo relativamente baixo. No entanto, tal como a fotografia aérea, a produção clássica de mapas de ocupação do solo com imagens de satélite é feita por interpretação visual, o que também é dispendioso, demorado e subjetivo (por exemplo, CORINE Land Cover). "Os algoritmos de classificação automática são uma alternativa à abordagem clássica de produção de mapas. No entanto, existem alguns problemas que podem dificultar a produção automática de mapas de ocupação do solo com recurso a satélite" (Caetano 2005).

Musa (2004) actualizou o mapa do município de Jimeta-Yola utilizando imagens de satélite e descreve os diferentes bairros da cidade. Dorata (2001), Patti (1993), Phil (1991) e Stutheit (1991) deram crédito a esta tendência para a revisão digital de mapas.

2.3 Aplicação de deteção remota e SIG para a elaboração de mapas e Revisão de mapas

A revisão cartográfica é um dos temas críticos para os investigadores em cartografia, fotogrametria e teledeteção e goza de uma literatura rica. Ogunleye e Obiniyi (2007) tentaram estudar a utilização de produtos de teledeteção e concluíram que a utilização era fraca e que, de todos os produtos de teledeteção, apenas as fotografias aéreas eram mais populares, sendo que apenas 27,92% dos inquiridos que participaram na amostra estavam familiarizados com elas. Observaram ainda que a utilização de produtos de teledeteção era maioritariamente feita através de mapas. O fator crítico no processo de cartografia são os métodos de aquisição de dados, a sua precisão e qualidade são vitais para a essência da representação gráfica como dados geográficos no seu todo. Tal como Olaore (2004) observou ao utilizar dados SPOT (XS) e GPS para atualizar o mapa topográfico da metrópole de Kaduna. Observou também que os dados de deteção remota fornecem uma visão repetitiva e sinóptica e informações precisas que podem ser utilizadas para obter mapas actualizados. Na mesma linha, Ndukwe (2001) defendeu a utilização de imagens pancromáticas e multiespectrais pontuais, bem como de imagens Landsat TM e MSS para cartografar a utilização do solo e atualizar a utilização do solo urbano. Deduziu isto ao facto de o método ser rápido e pouco dispendioso e de os testes terem provado que foram registadas precisões de + ou - 9 m no plano métrico e de + ou - nas características altemétricas, derivadas de imagens geometricamente corrigidas.

Ao escreverem sobre a importância dos mapas no controlo dos bairros de lata urbanos na Nigéria, Ezra e Kantiok (2007) afirmaram que os guias de ruas não só são importantes para ajudar a navegação dentro da cidade, como também são úteis no planeamento de áreas de enumeração por demógrafos, e são igualmente úteis para turistas, vendedores, bombeiros, polícia, etc.c e que servem de base para o mapeamento e o planeamento da classificação do uso do solo, o que aponta para o facto de que a utilização de guias de ruas é diversificada, sobretudo quando são produzidos em ambiente SIG, tal como observado por Musa e Yusuf (2007), onde observaram que, com a análise de consultas em SIG, questões como onde fica uma estrada, para onde vai, a distância e o tipo, o melhor percurso entre o ponto A e B ou o percurso mais curto entre pontos podem ser facilmente fornecidas numa pesquisa espacial em SIG, porque é capaz de combinar dados espaciais e não espaciais de diferentes conjuntos numa operação de análise espacial.

Bashir (2002) salientou que a aplicação da deteção remota a nível mundial na cartografia e fenómenos relacionados está a modernizar, simplificar e facilitar o exercício que, de outro modo, seria executado através de métodos convencionais, pelo que a necessidade de melhorar a cartografia se torna inevitável. Tal como Lillesand e Kieffer (2000) partilham a mesma opinião de Bashir de que o campo da cartografia não está a ser incluído no campo dos SIG, mas sim a ter um impacto positivo no crescimento do campo da cartografia. Okafor (2002) criou um mapa topográfico atualizado da Namíbia, a atualização foi feita a partir de ortofotos digitais que foram produzidas em cópias impressas e em ficheiros digitais.

Ridley et al. (1997) descrevem um projeto realizado em 1996, no qual foram utilizadas imagens sintetizadas a partir de fotografias aéreas para aproximar as imagens de satélite propostas. O projeto investigou o potencial das imagens de satélite de alta resolução para a atualização de mapas topográficos, a criação de DTM (Digital Terrain Model) e a cartografia da ocupação do solo. Em todos estes domínios, concluiu-se que as imagens de satélite com uma resolução de 1 m (distância da amostra ao solo) podem ser úteis a uma agência de cartografia. No entanto, trabalhar com dados simulados não é exatamente o mesmo que utilizar os dados reais, e as suas conclusões indicaram que as imagens de satélite de alta resolução deveriam ser mais investigadas quando as imagens de satélite reais estivessem disponíveis. Li (1998) também previu "um avanço significativo das aplicações da tecnologia de imagens de satélite na cartografia", citando o potencial das imagens estéreo IKONOS, Quick-Bird e Orb View para a atualização dos conjuntos de dados Digital Line Graph e Digital Orthophoto Quadrant à escala 1:24.000 nos EUA. O lançamento do IKONOS estava iminente na altura em que estes documentos foram escritos, pelo que as primeiras imagens eram aguardadas com grande expetativa. Devido aos vários contratempos na indústria de satélites comerciais de alta resolução, a espera foi mais longa do que o esperado.

Patynen (1998) descreveu o processo de revisão das escalas 1:5000, 1:10000 e 1:20000 da Base de Dados Topográfica Finlandesa (TDB) com métodos digitais. Ele observou que os intervalos de tempo para atualizar mapas 1:20000 foram especificados em 10-20 anos, mas em áreas povoadas, onde as mudanças são mais rápidas, isso foi reduzido para 5-10 anos. Salientou que algumas instalações importantes, como estradas, linhas eléctricas e estruturas administrativas, necessitam de uma atualização contínua (todos os anos). Explicou todo o processo de digitalização, registo geométrico e criação de ortofotos e métodos de extração de objectos para o processo de atualização da TDB.

Infelizmente, a maior parte da revisão de mapas com recurso à tecnologia digital encontra-se sobretudo nos países desenvolvidos. A experiência em África está longe de ser impressionante.

De toda a literatura acima referida sobre a atualização de mapas, verificou-se que foram utilizados diferentes métodos, desde o método de levantamento no terreno, o método fotogramétrico e até o método de satélite, que são complicados, demorados e mais caros. Por conseguinte, o objetivo desta investigação é utilizar um método mais simples, recorrendo a imagens de satélite de alta resolução (imagens QuickBird).

CAPÍTULO 3

METODOLOGIA DE REVISÃO DE MAPAS

O procedimento utilizado neste trabalho constitui a base para a revisão de mapas de forma rápida, eficiente e económica. A utilização da técnica SIG para a revisão de mapas varia em termos de abordagem e metodologia. Para efeitos deste trabalho de investigação, foram utilizados pacotes de software SIG como o Ilwis 3.1, o Arview 3.2a, o Idrisi 32 e outros materiais de hardware relevantes para gerar resultados precisos, fiáveis e qualitativos, através dos dados relevantes, bem como uma revisão adequada do mapa digital e a análise dos dados com a técnica SIG.

3.1 Instrumentos de investigação

Um computador portátil HP 530, uma impressora a cores HP, um GPS de mão (Garmin 72) e um scanner Genx A4 foram os principais equipamentos utilizados neste estudo. Os pacotes de software utilizados eram de duas categorias: os pacotes SIG e os pacotes não SIG. Os pacotes de software GIS foram o ILWIS 3.1 Academics para geo-referenciação e o ArcView 3.2a para cartografia digital, enquanto o Idrisi foi utilizado para sobreposição, cálculo de área e análise de mapas. Outros pacotes de software não SIG incluem o CorelDraw 12 para digitalização de mapas e exportação de mapas para o ILWIS e o Microsoft Word 2003 para processamento de texto.

3.2 Fontes de dados

Os investigadores obtiveram dois tipos de dados para atingir o objetivo e os objectivos desejados. A área das fontes está resumida na Tabela 3.1, enquanto os mapas de base estão ilustrados na Figura 3.1 e na Figura 3.2.

3.2.1 Dados de base

Quadro 3.1: Quadro 1: Mapas de base

S/N	Tipo de dados	Fonte de dados	Data	Outras características
1	Mapa metropolitano de Mubi	Ministério Federal dos Estudos, Lagos	1975	

2	Imagem de satélite da área metropolitana de Mubi	Pássaro rápido	2005	Resolução multiespectral (2,4 m), Banda: Pancromático Multispectral, Formato: Geo TIFF

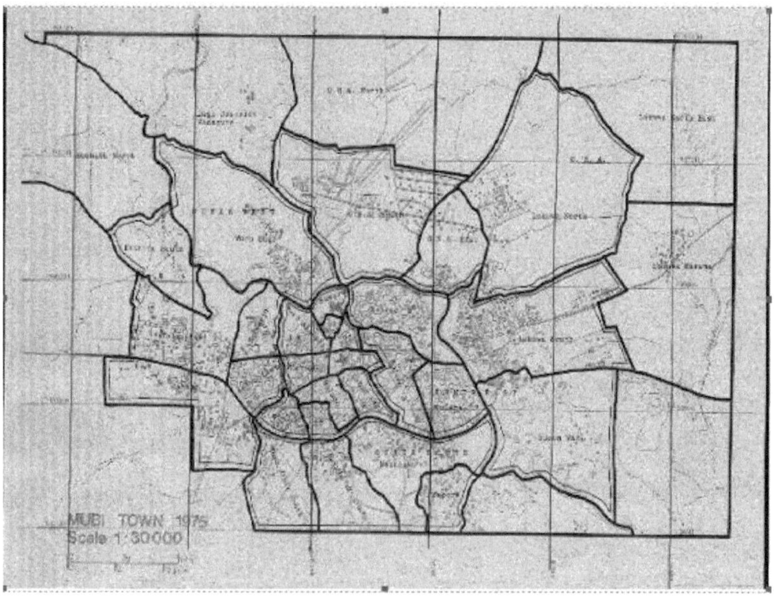

Figura 3.1 Mapa convencional da metrópole de Mubi (Maxlock Group 1 (1975).

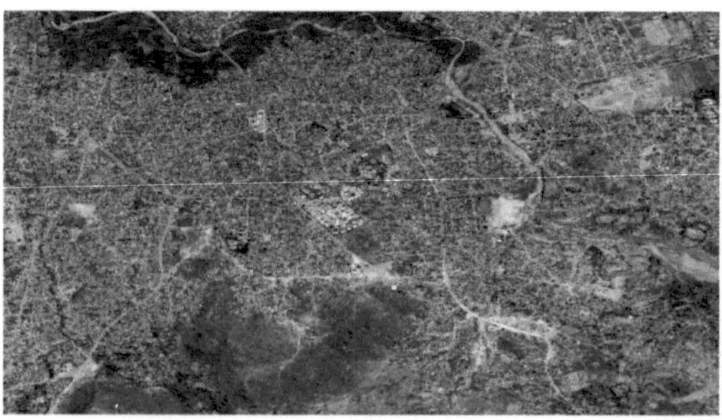

Figura 3.2 Imagem de satélite da área de estudo (Quick-Bird, 2005).

3.2.2 Captura de dados

Os investigadores fizeram a leitura GPS de duas rotundas (rotunda da polícia e rotunda de Lokuwa) e de dois cruzamentos rodoviários (cruzamento da estrada de Maiha e cruzamento da estrada de Gella) para efeitos de geo-referenciação das imagens de satélite de 2005.

Para efetuar a georreferência da imagem de satélite, foram visitados quatro pontos no terreno que eram identificáveis na imagem. Dois dos quatro pontos visitados eram rotundas (rotunda da polícia e rotunda de Lokuwa), enquanto os outros dois pontos eram cruzamentos rodoviários (cruzamento da estrada de Maiha e cruzamento da estrada de Gella). Em cada um destes pontos, o GPS foi ligado e as coordenadas foram observadas e registadas. As coordenadas dos quatro pontos seleccionados foram: 10° 15 52.89 "N, 13° 16' 10.51 "E (rotunda da polícia) 10° 16' 23.86 "N, 13° 16' 40.48 "E (rotunda de Lokuwa) 10° 16' 08.53 "N, 13° 15' 10.71 "E (cruzamento da estrada de Maiha) e 10° 15' 48.78 "N, 13° 16' 30.22 "E (entroncamento rodoviário de Gella), estas coordenadas foram transformadas em Universal Transversa de Mercator (UTM) através do módulo de transformação do Ilwis 3.1 para criar os pontos de geo-referência.

A georreferenciação garante que as coordenadas dos pixéis na imagem correspondem às coordenadas reais dos pontos que representam no terreno. A transformação deu os valores mínimos "X" e "Y" 306150.24, 1139028.81 respetivamente e também 314191.88, 1139332.43 como valores máximos "X" e "Y" respetivamente. Os quatro pontos seleccionados com o GPS foram identificados na imagem de satélite e utilizados como pontos de ligação. A imagem de satélite referenciada foi depois reamostrada e foram novamente seleccionados alguns pontos no terreno, que foram comparados com os mesmos pontos no mapa referenciado, tendo-se verificado que as coordenadas no terreno correspondem às coordenadas no mapa, o que se designa por verificação no terreno. A imagem foi então exportada para o ArcView para ser digitalizada.

O mapa convencional de Mubi foi digitalizado utilizando o scanner Genx através do CorelDraw 12 e importado para o ambiente Ilwis através do Tagged Image File Format (TIFF), onde o mapa foi também geo-referenciado utilizando os cantos do mapa como pontos de ligação. O mapa referenciado foi depois reamostrado utilizando as coordenadas mínimas e máximas das imagens de satélite reamostradas, de modo a que os dois mapas (mapa convencional e imagens de satélite) pudessem ter as mesmas linhas e colunas para a sobreposição de dois mapas; foram depois exportados para o ambiente ArcView para digitalização.

As estradas principais, as estradas secundárias e as estradas de acesso nas imagens de satélite foram digitalizadas como linhas através dos módulos de digitalização do ArcView, criando uma camada temática independente para cada uma das características digitalizadas nas imagens de satélite. Os limites das freguesias também foram digitalizados como polígonos através dos mesmos módulos de digitalização do ArcView. Alguns dos limites foram conhecidos através de um inquérito no terreno e de informações fornecidas pelos chefes de divisão de algumas das divisões. Cada camada temática foi depois editada para eliminar os erros de digitalização.

3.3 Procedimento de cartografia digital

Todas as decisões sobre os elementos básicos de um mapa são tomadas nesta fase; tais decisões dizem respeito à simbolização, ao conceito de cor, à perceção visual, às dimensões, à legenda e à escala. Estes elementos são importantes porque são os componentes do mapa, que este deve conter, e o mapa é visto como um todo composto por estes componentes que é legível por um leigo.

Os limites das circunscrições políticas e das circunscrições locais foram digitalizados como polígonos e as cores apropriadas foram atribuídas às circunscrições e os nomes das circunscrições também foram apresentados, enquanto as estradas de acesso, as estradas secundárias, as estradas principais, os caminhos pedonais e a fronteira foram digitalizados com linhas utilizando o processo de sub-rotina do software ArcView 3.1 e a edição de vértices foi utilizada para minimizar os erros no decurso da digitalização. No ambiente de layout, a linha de grelha, a legenda, a direção norte e a barra de escala foram produzidas no mapa.

As áreas urbanizadas de 1975 e 2005 foram também digitalizadas como polígonos. As propriedades do mapa foram utilizadas para a grelha do mapa, a seta norte e a barra de escala.

As estradas foram digitalizadas como linhas em ambiente Idris 32 e ArcView, tendo sido seguidos todos os antecedentes de traçado acima explicados

CAPÍTULO 4

PRODUÇÃO DE MAPAS MUNICIPAIS

Este capítulo analisa e apresenta os resultados da investigação. Também destaca a realidade da produção de mapas municipais. Os dados gerados foram produzidos sob a forma de mapas, depois analisados e apresentados num formato que pode ser bem interpretado por um leigo. A análise está dividida em três categorias: revisão da rede rodoviária, revisão dos nomes e limites políticos e revisão das áreas urbanizadas.

4.1 Revisão da rede rodoviária

A maioria das estradas da metrópole não estava asfaltada em 1975, exceto a estrada Ahmadu Bello, a estrada Kashim Ibrahim, a estrada Zaria, a estrada Bauchi e a estrada Aliyu Makama (Figura 4.1). A distância total das estradas principais em 1975 era de 15.205 km. As redes rodoviárias que se desenvolveram entre 1975 e 2005 estão representadas na Figura 4.2. Em 2005, a maior parte das estradas principais, tais como a estrada de Kabang, a estrada de Gaya, a estrada de Sabon Pegi, a estrada de Digil, a estrada de Wuro-Gude, a estrada de Shagari e a estrada de Lowcost foram construídas, conforme apresentado na Figura 4.3. A distância total das estradas principais em 2005 era de 30.023 km. A Figura 4.4 mostra a rede rodoviária completa da metrópole de Mubi, incluindo as estradas principais, as estradas secundárias, as estradas de acesso e os caminhos pedonais.

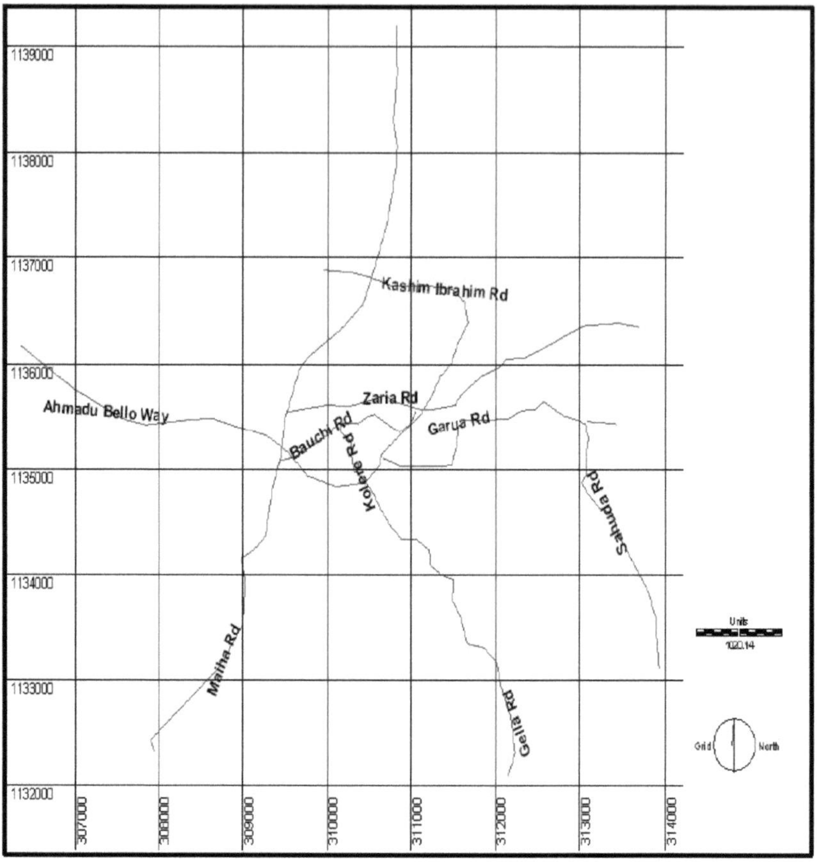

Figura 4.1 Rede rodoviária em 1975

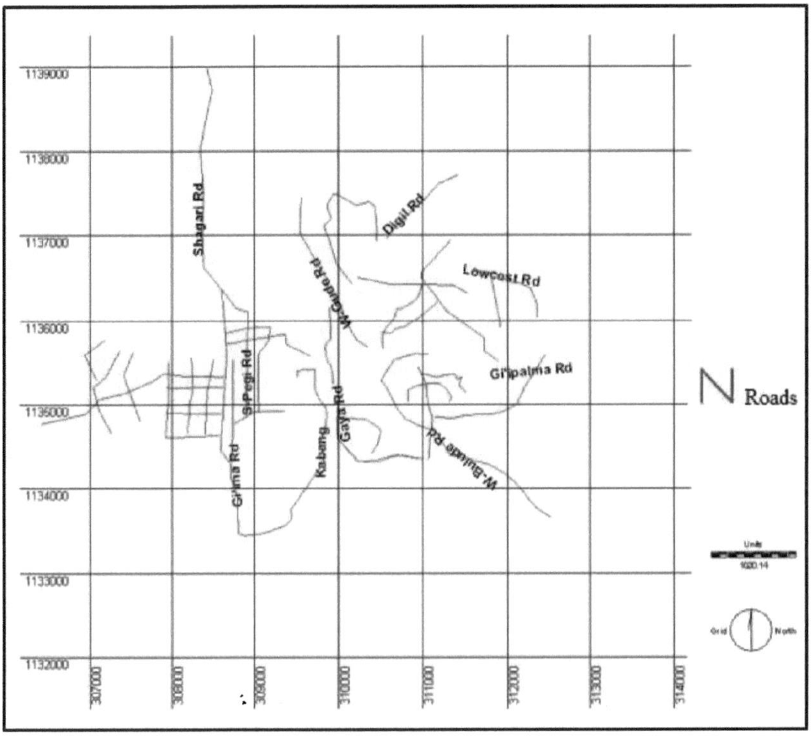

Figura 4.2 Crescimento da rede rodoviária após 1975

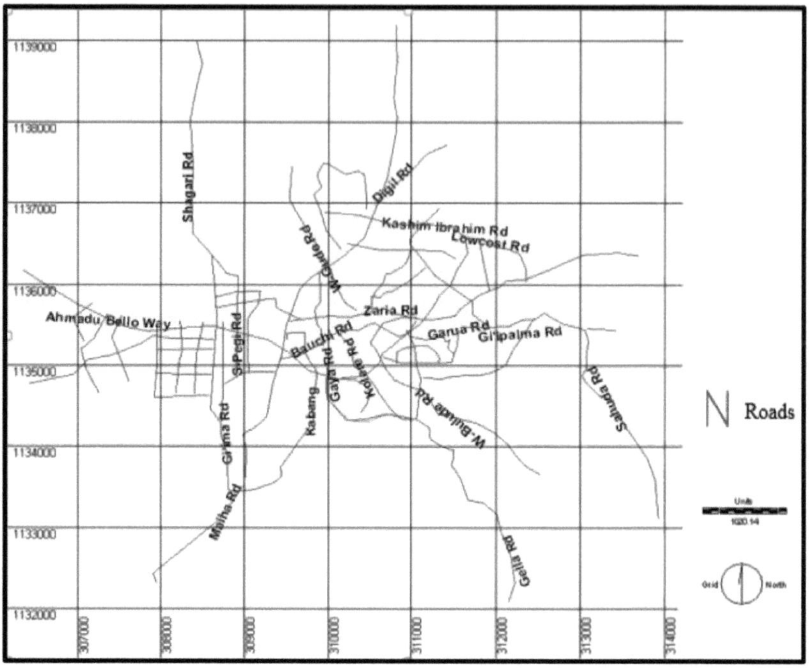

Figura 4.3 Rede rodoviária em 2005

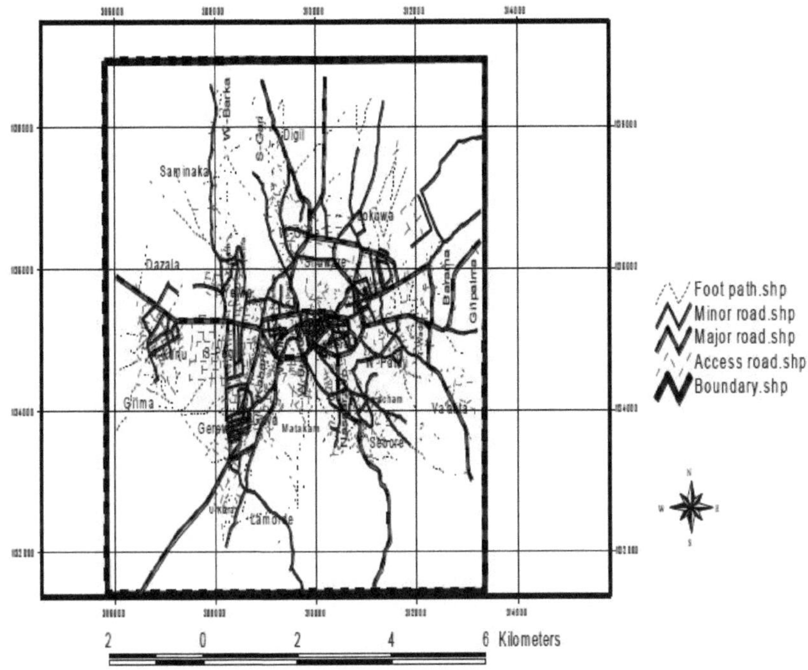

Figura 4.4 Rede rodoviária completa em 2005

4.2 Revisão dos limites das circunscrições políticas e locais

Nesta investigação, tentou-se também rever o mapa político da metrópole de Mubi em termos de nomes de bairros (políticos e locais) e linhas de fronteira. Em 1975, quando Mubi era a sede da província de Sardauna, havia dezasseis (16) circunscrições locais, nomeadamente: Kolere, Sabon-Layi, Sebore, Lamorde, Kabang, Digil, Yelwa Kochifa, Wuro-Ngarkeje, Wuro-Gude, Wuro-Alkali, Wuro-Jibir, Wuro-Bulude, Tudun-Wada, Nassarawo e Lokuwa, como mostra a Figura 4.5. Estas alas existiam como uma única ala política.

No entanto, em 2005, o número de circunscrições políticas aumentou de uma em 1975 para oito em 2005, que são Lokuwa, Kolere, Sabon-Layi, Nassarawo, Gude, Lamorde, Yelwa e Digil (Figura 4.6), enquanto as circunscrições locais aumentaram de dezasseis em 1975 para trinta e duas em 2005. As novas circunscrições locais incluem Sabon-Gari, Unguwan-rami, Saminaka, Unguwan-kara, Arahan-Kunu, Gi'ima, Matakam, Dazala, Wuro-Harde, Wuro-Barka, Va'atita, Gi'ipalma, Gerewol, Shagari-

Lowcost, Sabon-Pegi e Barama, como mostra a figura 4.7. As dezasseis circunscrições locais de 1975 e as dezasseis novas circunscrições locais de 2005 somadas perfazem trinta e duas circunscrições locais (figura 4.8).

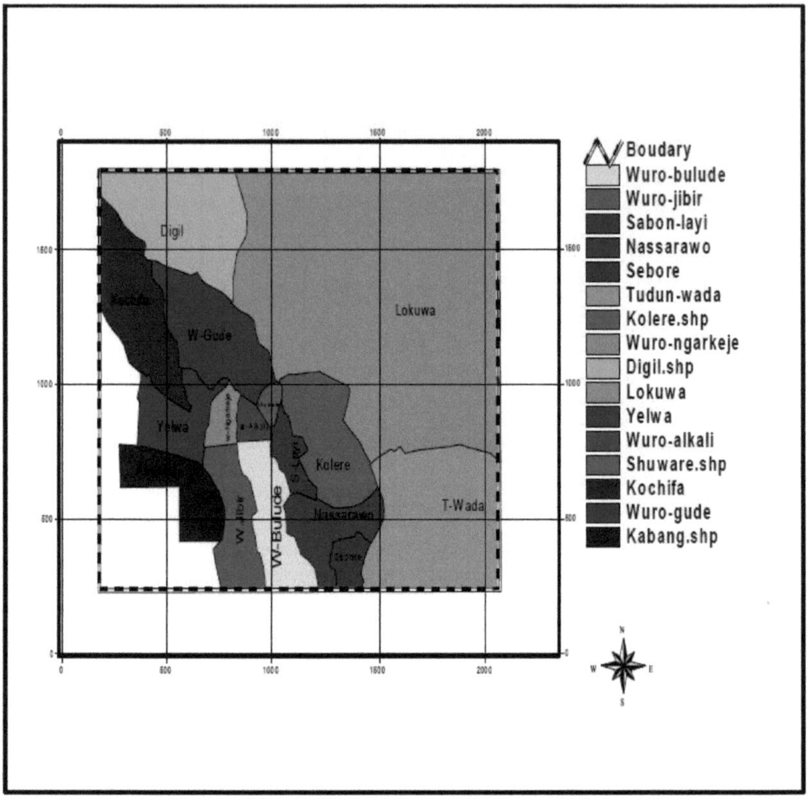

Figura 4.5 Freguesias de 1975

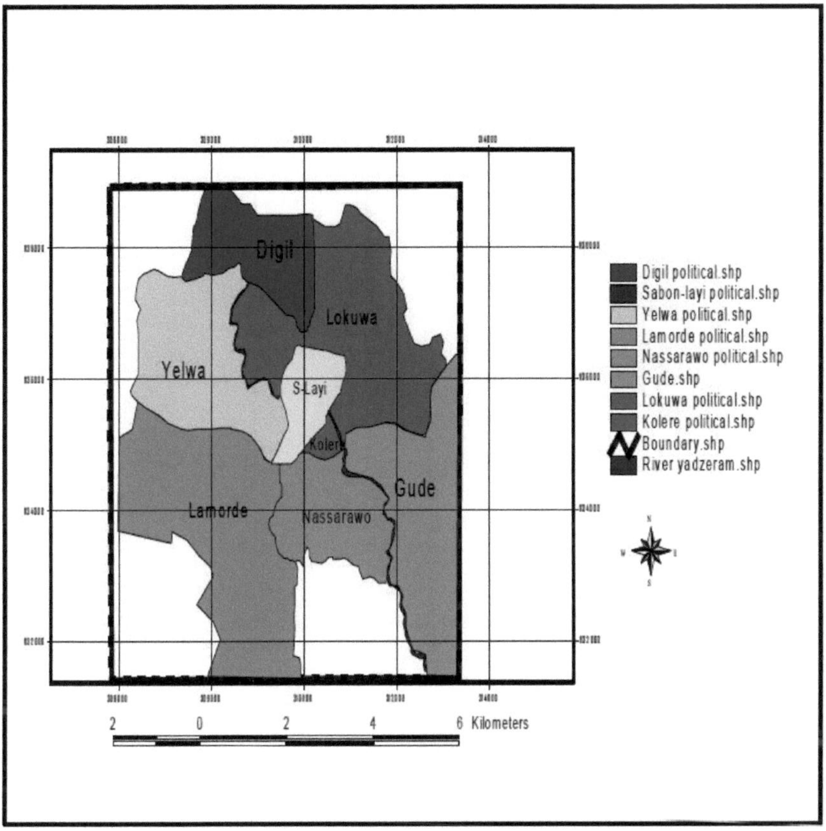

Figura 4.6 Circunscrições políticas em 2005

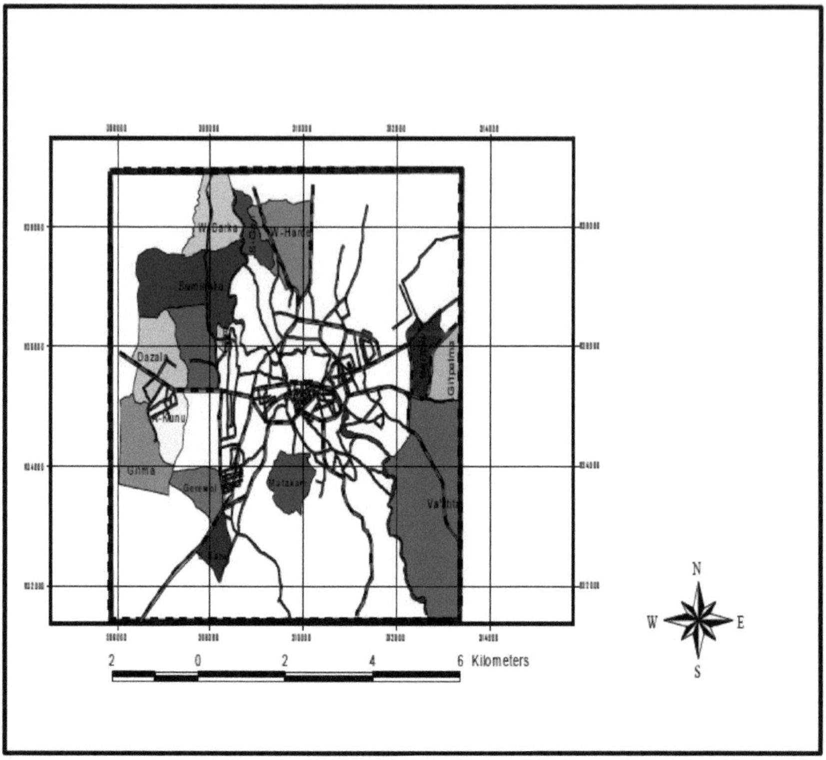

Figura 4.7 Novas zonas locais desenvolvidas em 2005

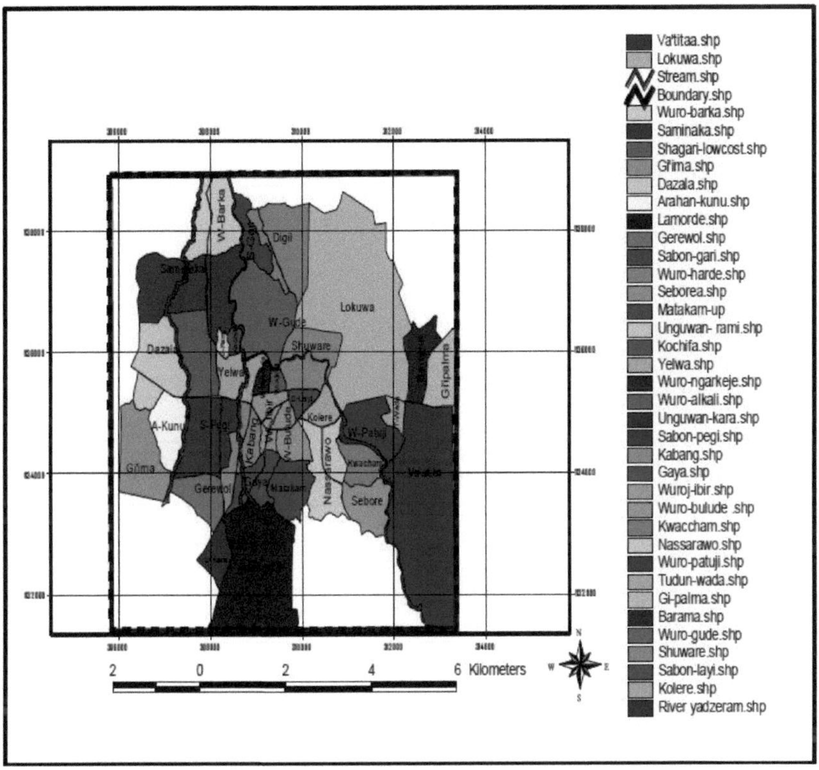

Figura 4.8 Aumento do número de freguesias entre 1975 e 2005

4.3 Revisão das zonas urbanizadas

As áreas edificadas de 1975 no mapa convencional e as das imagens de satélite de 2005 foram digitalizadas separadamente, como se mostra na Figura 4.9 e na Figura 4.10. Em seguida, foi calculada a percentagem da área construída no mapa convencional de 1975 e na imagem Quick-Bird de 2005. As áreas foram calculadas utilizando a sub-rotina de área do módulo de análise GIS do software Idirisi (Tabela 4.1).

Tabela 4.1: Áreas construídas

S/N	Área de construção	Área em Km^2	Percentagens
1	1975	17315738.3228	42.03
2	2005	23877994.1401	57.97
	TOTAL	**41193732.4629**	**100**

Os dois mapas foram depois sobrepostos. Neste mapa, os módulos de consulta foram utilizados para encontrar o valor de cada uma das áreas com a mesma cor. Todas as áreas com o valor "1" representam a área construída de 1975, como mostra a Figura 4.9. As áreas com o valor "2" representam as áreas construídas em 2005, conforme ilustrado na Figura 4.10.

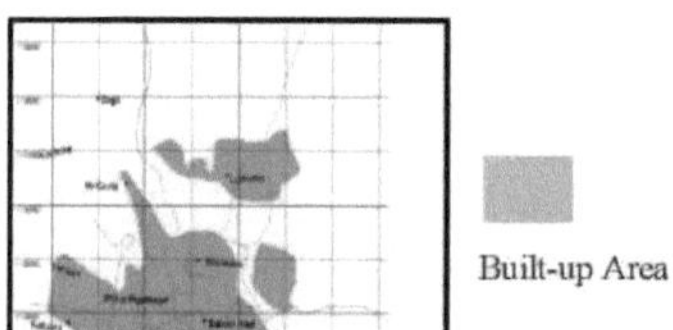

Figura 4.9 Área construída em 1975

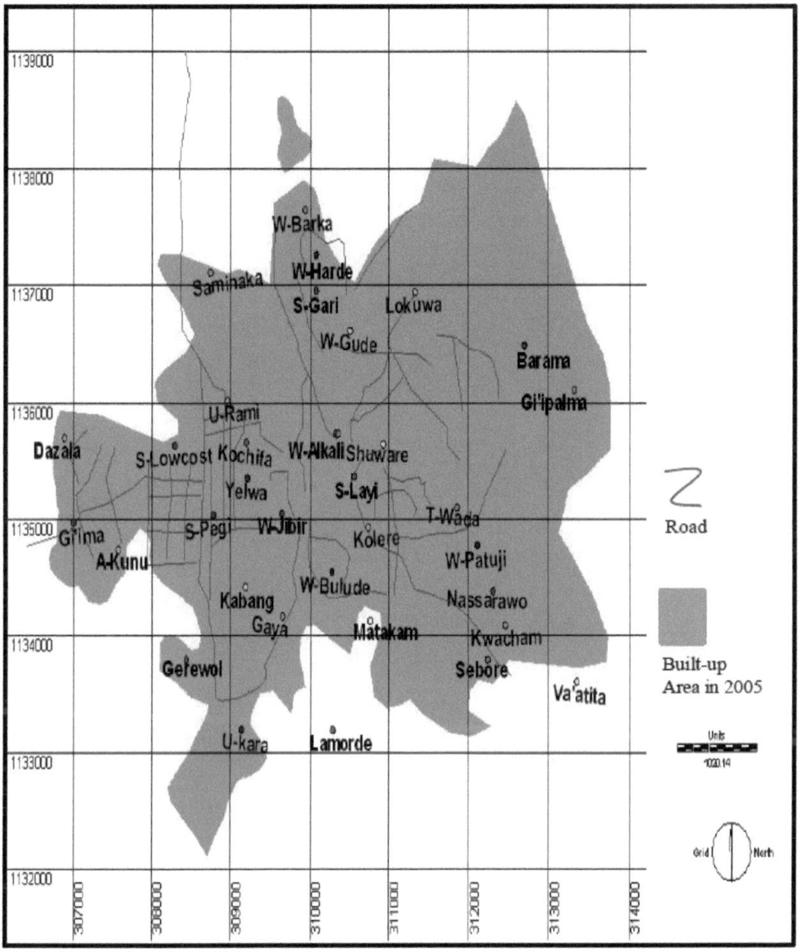

Figura 4.10 Área construída 2005

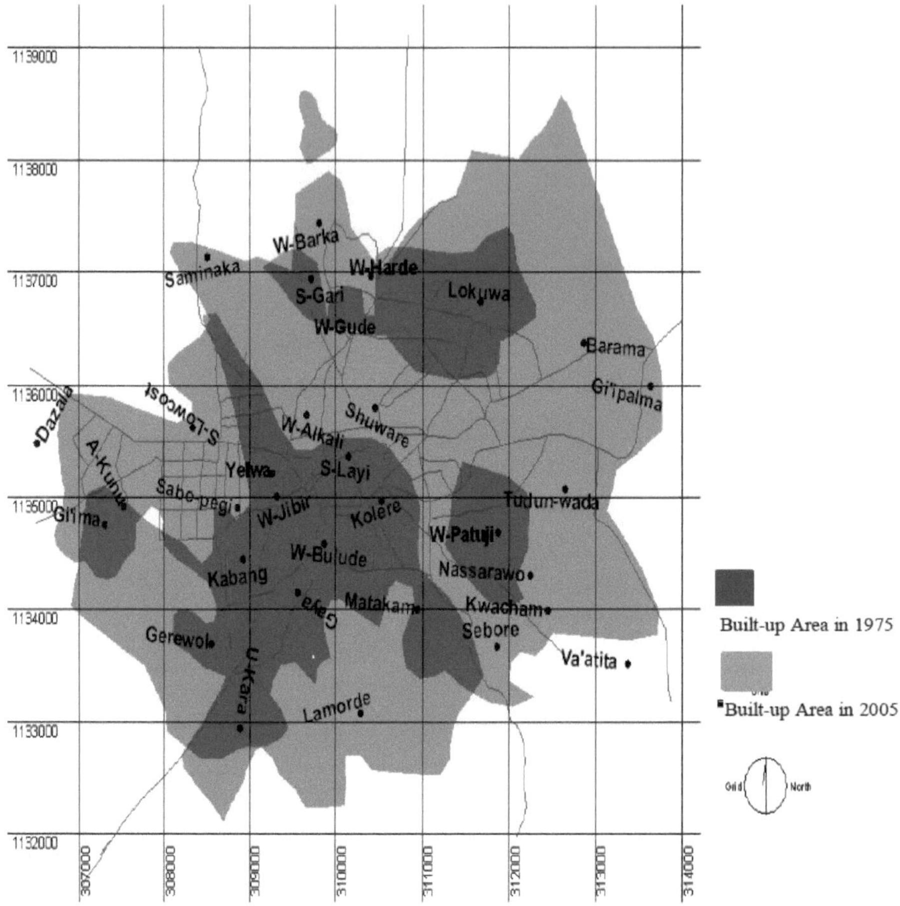

Figura 4.11 Sobreposição de mapas das áreas urbanizadas de 1975 e 2005

O resultado desta investigação mostra claramente o mapa atualizado que descreve as circunscrições (políticas e locais) e a rede rodoviária (principal, secundária, de acesso e pedonal) na metrópole de Mubi, tal como ilustrado na Figura 4.11.

4.4 Resumo

Os resultados da análise mostram que, entre 1975 e 2005 (três décadas), altura em que foi publicado o último mapa de Mubi, se registaram muitos desenvolvimentos e mudanças, desde o aumento do número de bairros políticos de um para oito e o aparecimento de novos bairros locais, a rede rodoviária de 15 205 km em 1975 para 30 023 km em 2005 e as áreas construídas de 17315738 3228 m2 em 1975 para 23877994 1401 m2 em 2005, o que é claramente visível no mapa atualizado da metrópole de Mubi. em 2005, o que é claramente visível no mapa atualizado da metrópole de Mubi.

CAPÍTULO 5

RESUMO E CONCLUSÃO

Nunca é demais realçar a utilização da técnica SIG, que permite obter resultados reais, autênticos e verificáveis. A técnica permite poupar tempo, é científica e altamente tecnológica. É utilizada para gerar uma atualização de mapas que é altamente fiável e lógica. Este capítulo de conclusão resume as conclusões e recomendações do estudo.

5.1 Resumo das conclusões

As principais estradas de Mubi, tal como identificadas no mapa de 1975, eram a Ahmadu Bello way, a Kashim Ibrahim road, a Zaria road, a Bauchi road e a Aliyu Makama, com uma distância total colectiva de 15,205 km. Em 2005, foram identificadas e cartografadas novas estradas, como a estrada de Gaya, a estrada de Shagari, a estrada de Digil, a estrada de Wuro-Gude, a estrada de Garua, a estrada de Kabang, a estrada de Gi'ima, a estrada de Sabon Pegi e a estrada de baixo custo, com uma distância total de 30,023 km. É evidente que se registaram muitas alterações na rede rodoviária da metrópole de Mubi.

Em 1975, havia dezasseis bairros locais em Mubi: Kolere, Sabon-Layi, Sebore, Lamorde, Kabang, Digil, Yelwa Kochifa, Wuro-Ngarkeje, Wuro-Gude, Wuro-Alkali, Wuro-Jibir, Wuro-Bulude e Tudun-Wada, Nassarawo e Lokuwa existiam como uma única circunscrição política e, em 2005, foram acrescentados os subúrbios isolados Sabon-Gari, Unguwan-rami, Saminaka, Unguwan-kara, Arahan-Kunu, Gi'ima, Matakam, Dazala, Wuro-Harde, Wuro-Barka, Va'atita, Gi'ipalma, Gerewol, Shagari - Lowcost, Sabon-Pegi e Barama. As alas políticas passaram a ser oito, a saber, Lokuwa, Kolere, Sabon-Layi, Nassarawo, Gude, Lamorde, Yelwa e Digil.

A área construída em 1975 tem a área total de 17315738.3228; em 2005 é 23877994.1401. A área construída tem 42,03% em 1975 e 57,97% em 2005.

O resultado desta investigação indica que os dados de satélite de alta resolução podem ser utilizados de forma fiável e rápida para atualizar mapas, tanto a nível local como internacional, com uma precisão elevada e fiável.

5.2 Recomendações

Todo o potencial do SIG pode ser realizado através da integração de dados de deteção remota num ambiente de sistema de informação geográfica. Assim, são apresentadas as seguintes recomendações:

- A utilização de dados obtidos por teledeteção deve ser adoptada para fins de cartografia por profissionais (planeadores, agrimensores) e agências governamentais relevantes, como os departamentos de planeamento urbano e de levantamento topográfico.

- As imagens de satélite de alta resolução devem ser disponibilizadas a um custo relativamente baixo para os investigadores, a fim de ajudar na cartografia global.

-A revisão de todas as categorias de mapas deve ser feita de forma rotineira pelas agências de cartografia necessárias, como o Ministério dos Estudos, de modo a dispor de mapas actualizados. Isto facilitará a investigação e o desenvolvimento do território na área metropolitana.

- As estradas para circulação automóvel são inadequadas na metrópole de Mubi. Isto exige o desenvolvimento de uma rede rodoviária mais extensa, enquanto as estradas estreitas devem ser alargadas para fazer face ao atual congestionamento do tráfego.

- É necessário criar mais circunscrições políticas proporcionais ao aumento do número de circunscrições locais resultante do rápido crescimento da população e da expansão espacial registada na área metropolitana de Mubi.

Para que as recomendações anteriores se tornem realidade, a formação e a reconversão do pessoal, a aquisição de hardware e software devem ser objeto de uma atenção especial. O pessoal e os profissionais da administração pública devem ser encorajados e apoiados a frequentar acções de formação em disciplinas como a apreciação informática, a cartografia digital, a deteção remota, a análise geoespacial e a fotogrametria digital. A formação adequada nestas disciplinas é uma necessidade e é vital para o funcionamento e a gestão dos dados contemporâneos das TIC e para uma produtividade óptima em todas as ramificações.

5.3 Sugestões para investigação futura

O tempo e os recursos impediram-nos de explorar outros aspectos essenciais da análise geoespacial nesta investigação. Assim, sugerimos o seguinte para estudos futuros.

- Atualização do mapa topográfico utilizando imagens de sensores de satélite de alta resolução.

- Aplicação de deteção remota e SIG para cartografar e monitorizar a cobertura do solo e as alterações na utilização do solo da metrópole de Mubi utilizando imagens de satélite de alta resolução.

- Cartografia de ruas na metrópole de Mubi utilizando dados de teledeteção e técnicas SIG.

5.4 Conclusão

Esta investigação produziu um mapa revisto de Mubi que descreve os diferentes bairros (políticos e locais), as áreas construídas e a rede rodoviária. A simplicidade, a exatidão, a versatilidade e, sobretudo, a conveniência associadas à cartografia digital, especialmente quando se trata de resolver problemas como a revisão de mapas, atrai todos os interessados em mapas e na sua elaboração. O mapa digital em si pode ficar sob a custódia do organismo governamental responsável pela produção de mapas, por exemplo, o Ministério dos Estudos Agrários.

A fim de reduzir o trabalho árduo associado aos métodos convencionais de cartografia, que implicam perda de tempo e são propensos a erros, e a necessidade de evitar o problema de esperar que as fotografias aéreas sejam tiradas antes de se poder fazer qualquer exercício significativo, esta investigação recomenda que os cartógrafos adoptem gradualmente a integração da deteção remota por satélite, do sistema de posicionamento global e do sistema de informação geográfica no projeto de revisão de mapas. Esta investigação recomenda que os cartógrafos adoptem gradualmente a integração da deteção remota por satélite, do Sistema de Posicionamento Global e do Sistema de Informação Geográfica no projeto de revisão de mapas. Quando houver vontade política, a mudança de prioridade da abordagem convencional para o método digital tornar-se-á uma realidade.

Os dados de teledeteção e os SIG fornecem uma base fiável para a revisão de mapas, especialmente quando são utilizadas imagens de satélite de alta resolução e a atualização dos mapas é mais fácil e menos dispendiosa. A abordagem integrada deve ser empregue em qualquer produção cartográfica, uma vez que proporciona versatilidade na aquisição de dados de várias fontes e, por conseguinte, fornece apoio e alternativas para a qualidade, o processamento e a apresentação dos dados.

REFERÊNCIAS

Adebayo. .A.A. Mubi Region. Uma Síntese Geográfica; Paraclete Publishers, Yola. PP 17 - 37.

Adebayo, A. A. (1999). Adamawa State in Maps. Paraclete Publishers, Yola.

Areola O.O, (1983). Uma Geografia do Desenvolvimento da Nigéria; Heinemann Ibadan.

Bashir, I.B., 2001. The Use of Remotely Sensed Data in Assessing Land Degradation. Dissertação de Mestrado da Universidade Federal de Tecnologia, Minna.

D. Holland e P. Marshall (2004), Updating maps in a well-mapped country using high resolution satellite imagery, International Archives of the Photogrammetry, Remote Sensing and Spatial Information Sciences.

Dorata A.Grejner-Brzezinska (2001), Mobile Mapping Technology-Ten Years Later (Part Two). Surveying and Land Information System, Vol. 61, No.3 Journal of the American Congress on Surveying and Mapping.

Ezra, P.H. e L. Kantiok, (2007). The Relevance of Maps in the control of Urban Slums (A relevância dos mapas no controlo dos bairros degradados urbanos). Actas da 29ª Conferência Anual da NCA, Kaduna.

Holland, D., Guilford, R., Murray, K., (2002). Publicação Oficial do OEEPE nº 44. OEEPE-Projeto de Cartografia Topográfica a partir de Sensores Espaciais de Alta Resolução.

Idrisi 32,Guide to GIS and Image processing volume I. Release 2 pp. 17 Keates, J.S., 1973. Cartographic Design and Production. Longman Inc, Nova Iorque.

Kim Yung II e Kim Sang-Su (1999). Establishment of Parcel-based Land Information System in Korea, Surveying and Land Information System, Vol. 59, No.4 Journal of the American Congress on Surveying and Mapping.

Kumar, M. e Castro, O., (2003), Practical Aspects of Ikonos Imagery for Mapping, 22nd Asian Conference on remote sensing.

Ikusemoran, M., (2010). Nota de aula sobre o SIG do PGD.

Lillesand, T.M. e R.W . Kieffer, (2000). Remote Sensing and Image Interpretation. 3rd Edn., John Wiley and Sons, New York.

Li R. (1998), Potential of high-resolution satellite imagery for national mapping products, Photogrammetric Engineering and Remote Sensing (1998), pp. 1165-1170.

Lo C.P e Albert K.W.Y, (2005), Concepts and Techniques of Geographic Information Systems. Prentice-hall, inc.

Maduna, A. L., (2009). Revisão do mapa topográfico da África do Sul usando imagens do Google Earth. Dissertação de Bacharelato, Universidade de KwaZulu Natal, África do Sul.

Mandeville, P.A.,(2001) Jakarta Maps get a Facelift, Imaging Notes,

Msemakweli, C.K. e Lyimo, A.W. (2004). The International Achieve of the Photogrammetry, Remote Sensing and Spatial Information Sciences. Vol. XXXIV Parte 6/W6.

Musa A.A. (2008), The Application of Satellite Images, GPS and GIS in Revising Township Map. Um estudo de caso de Jimete-yola.Journal of Surveying and Geoinformatics Vol. 1 (2).

Musa, D. e R.K. Yusuf, (2007). Geographic Information System (GIS): A tool for land Resources management in Nigeria, Actas da 29th Conferência anual da NCA, Kaduna.

Ndukwe, K.N., 2001. Digital Technology in Surveying and Mapping (Tecnologia Digital em Levantamento e Cartografia). Rhyce Kerex Publishers, Enugu, Nigéria.

Ogunleye, A.Y. e A.A. Obiniyi, 2007. Cartografia e cartografia. Actas da 29.ª Conferência Anual da NCA, 2007, Kaduna.

Okafor U, (2002). Digital Map Revision-A Namibian Experience. Spatial Information in Mapping and Cadastral System, XXII Congresso Internacional FiG Washington D.C.U.S.A

Olaore, L.Y.,(2004). Uma utilização integrada de dados spot X5 e GPS para atualização de mapas topográficos num ambiente G IS. Tese de Mestrado da Universidade Federal de Tecnologia de Minna.

Patti Smith (1993), State Transportation Department Empowered by GIS. GIS World. Vol. 6 No. 4. GIS World Inc.

Phil Parent (1991), Ontario Municipal Applications. GIS World. Vol. 4 No.5 GIS World Inc.

Ridley et al., H. Ridley, P. Atkinson, P. Aplin, J.-P. Muller e I. Dowman (1997), Evaluating the potential of the forthcoming commercial U.S. high-resolution satellite sensor imagery at the Ordnance Survey, Photogrammetric Engineering and Remote Sensing, pp. 997-1005.

Stutheit. J (1991), Handling Rapid Suburb Growth, No problem with GIS. GIS World. Vol. 4 No.5 GIS World Inc.

Vaughan R. (2004), Remote sensing - um sucesso ou um fracasso dececionante? In: A. Cracknell, Editor, Proceedings of RSPSoc2004 (2004).

www.geography.usgs.gov/ normas

www.map-reading.com

www.mnmodel.dot.state.mn.us/glossary.html

Wikipédia, a enciclopédia livre

Yonnana E. (2004), Soil and Vegetation: In Mubi Region editado por Adebayo.A.A. Paraclete Publishers, Yola. PP 38 - 48.

MIX
Papier aus verantwortungsvollen Quellen
Paper from responsible sources
FSC® C105338

Printed by Books on Demand GmbH, Norderstedt / Germany